电与磁

撰文 / 陈诗喻　　　审订 / 郑士康

中国盲文出版社

怎样使用《新视野学习百科》？

> 请带着好奇、快乐的心情，
> 展开一趟丰富、有趣的学习旅程！

1 开始正式进入本书之前，请先戴上神奇的思考帽，从书名想一想，这本书可能会说些什么呢？

2 神奇的思考帽一共有6顶，每次戴上一顶，并根据帽子下的指示来动动脑。

3 接下来，进入目录，浏览一下，看看这本书的结构是什么，可以帮助你建立整体的概念。

4 现在，开始正式进行这本书的探索啰！本书共14个单元，循序渐进，系统地说明本书主要知识。

5 英语关键词：选取在日常生活中实用的相关英语单词，让你随时可以秀一下，也可以帮助上网找资料。

6 新视野学习单：各式各样的题目设计，帮助加深学习效果。

7 我想知道……：这本书也可以倒过来读呢！你可以从最后这个单元的各种问题，来学习本书的各种知识，让阅读和学习更有变化！

神奇的思考帽

客观地想一想

用直觉想一想

想一想优点

想一想缺点

想得越有创意越好

综合起来想一想

? 一天当中，你使用到哪些电器？

? 停电时，你觉得做什么事情最受影响？

? 电磁力有哪些应用方式？

? 电磁的使用可能有什么危险？

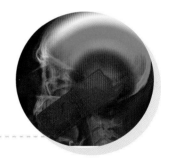

? 如果你的身上具有磁力，可能会发生什么事？

? 电磁的使用带给人类哪些方面的影响？

目录

■神奇的思考帽

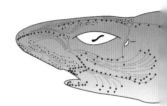

C O N T E N T S

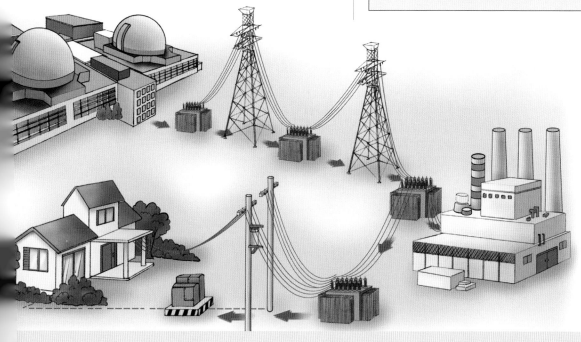

人类认识电磁的历史

（司南。摄影 / 张君豪）

早在人类还没出现之前，便有闪电、极光、地磁等电磁现象存在。之后，人们经过观察、探索与研究，发展出各式电磁的应用。不论是用电发光的电灯、由电磁发热的电磁炉，还是以无线通信的手机，都让我们拥有更方便、舒适的生活。

我们的生活因电池的发明和电磁波的发现而变得愈来愈方便。（图片提供 / 维基百科，摄影 /kevinzim）

早期对电、磁的认识

早在公元前 7—8 世纪，中国人便发现磁石会相互吸引，之后更懂得利用磁石与人工磁铁来指引方向。另一方面，公元前 6—7 世纪，希腊人发现琥珀在经过摩擦之后也会产生吸引的特性。这两种吸引力到了 16 世纪才真正被分辨出是两种不同的现象：前者为磁，后者为电，电学与磁学也从此开始分别发展。

18 世纪的科学家在电学上大有斩获，不仅确立了摩擦产生的电有正、负之分，更确定大自然中的闪电也是电。此外，伏打发明的电池更让人类拥有了稳定的电源。

"电生磁、磁生电"的发现，使得人类能够控制电源，并发明了许多电器。（图片提供 / 达志影像）

可携式发电机可以让我们在没有供电的地方使用电器。（图片提供 /GFDL）

电磁关系与电磁本质

19世纪，人类在电磁研究与应用上翻开了全新的一页。由于发现电生磁、磁生电的关系，而发明了发电机和电动机，不但能供应电源，也带动了相关电器的发明，成为现代科技的基础。此外电磁波的发现，让人们了解到电磁不仅是存在于物体的现象，还能以波动的形式在空中传递能量，促成了无线通信的诞生。

到了20世纪，科学家更进一步探究电磁的来源，发现带有电荷的最小粒子为电子。科学家认为，电子不仅带电，还具有磁性特质，存在于所有物质之中，是一切电磁现象的来源。电子的相关研究，还促进了半导体科技与纳米科技的发展，使教室般大的计算机能缩小到手掌般尺寸。

电子与磁偶矩

电子带有负电荷，绕着原子核旋转（公转），同时以自旋（自转）的方式存在于原子中。原子是组成物质的最小粒子。除氢原子外，原子内都有多颗电子，总负电量与原子核的正电量相等，使原子成为中性而不带电。当电子离开或外来电子加入时，原子便会呈"带正电"或"带负电"状态，形成"带电体"，也才有各种电的现象产生。每个自旋电子就像一个小磁铁具有南北两极，称为"磁偶矩"。一般原子内的磁偶矩方向往往与邻近的磁偶矩相反，使磁力相互抵消而不会表现出来。不过铁、钴、镍等磁性物质则例外：铁、钴、镍原子内部的磁偶矩没有完全抵消，所以每个原子就像一个小磁针表现出磁性，可以被磁化。

自由电子　原子核　电子

库伦是物体带电量的单位，由于电子是带有电量的最小粒子（1个电子的带电量大约是1.6×10^{-19}库伦），因此称为基本电荷。（插画／施佳芬）

发电机和电动机的发明是现代科技发展的基础。上图的老式洗衣机是以左下方的电动机带动转动。（图片提供／GFDL）

莱顿瓶的发明使人类可以储存电流，同时也是史上第一个"电"的容器。（图片提供／GFDL）

静电

(富兰克林。图片提供 / 维基百科)

静电广泛存在于我们的生活中，多数物品都可能产生静电而成为带电体。我们冬天脱毛衣或梳头发的时候，偶尔会听到"噼噼啪啪"的声音；碰触家中门把或是汽车外壳时也会有麻麻的触电感，这都是静电现象。

带电量与正负极

18 世纪，科学家库伦引进电荷的概念，说明了静电的带电量和作用力之间的关系。他认为电具有粒子性，可以计数，于是将此粒子称为电荷。当一个物体所带的电荷愈多，便表示带电量愈多，与其他物体之间的作用力也愈强。电荷具有正、负极性之分：异极相吸，同极相斥，吸引力或排斥力的大小则由带电量的多寡与距离决定，这就是著名的库伦定律，为电学中最重要的定律之一。

1752 年富兰克林做了在暴风雨中放风筝的实验，除了证明他的假设"闪电也是电"之外，也让他发明了避雷针。（图片提供 / 达志影像）

为什么电会分为正、负两种呢？早在库伦之前，法国人杜菲（Charles du Fay）由许多实验中归纳出所有的电可以分为两种：一种是与琥珀带的电性质相同，一种是与玻璃带的电性质相同，异种电相吸，同种电则会相斥。之后美国人富兰克林发现这两种电有相互抵消的特性，于是将琥珀电叫正电，玻璃电叫负电，此后人们便依循这个规则来分辨。

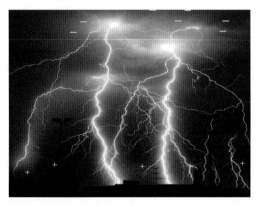

打雷前云层底部会累积大量的负电荷，使地面上的物体感应产生极性相反的正电荷。闪电则是因为积雨云的底层带有过多的静电荷，借由空气放电所致。（图片提供 / 达志影像）

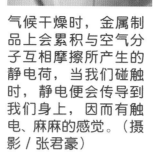

静电现象

摩擦起电是产生静电的最主要方法。所有物质原本都处于不带电（或称电中性）的状态，当和其他物质摩擦时，产生的能量会使其中一方原子内的电子脱离束缚，跑到另一方；失去电子的一方便呈"带正电"状态，得到电子的一方则呈"带负电"状态。冬天干燥，门把、汽车外壳或我们的衣服，都容易与空气分子摩擦而产生静电。

静电造成的现象有静电感应和放电两种。静电感应是指带电体会吸引或排斥其他物体。放电则是指带电体与其他物体接触时，将静电传导出去的现象。当累积的静电过多时，带电体还会借由空气导电，产生放电的现象，闪电便是这样产生的。

气候干燥时，金属制品上会累积与空气分子互相摩擦所产生的静电荷，当我们碰触时，静电便会传导到我们身上，因而有触电、麻麻的感觉。（摄影／张君豪）

防止静电累积的方法

我们虽然无法阻止静电的产生，但可以用各种方法来避免静电累积，以及防止可能造成的灾害，例如静电击、静电引起的火灾与爆炸等。使用接地导体是避免静电累积的最简单方法，一旦有静电产生，便会经接地导体放电至大地。提高相对湿度对于防止静电累积也很有效。因为当空气中的湿度增加时，静电荷便会被水分子带走而无法累积。静电消除器则是将空气离子化而产生导电的特性，提供静电放电途径来防止累积。

在碰触范德格拉夫起电机时，负电荷会从起电机传到头发上。由于同性相斥，所以头发才会如图中那般散开。（图片提供／达志影像）

影印机的原理：1.高压导线在影印筒上布满负电荷。影印筒由光导体制成，接触到光之后即会导电。2.在影印筒上打光，原件上有色部分因不透光所以维持负电荷。其他部分因透光而导电，使负电荷被接地线排走。3.撒下碳粉，碳粉为正电荷，所以会依附在负电荷（有色部分）上。4.碳粉经过高温高压处理黏附在纸上。

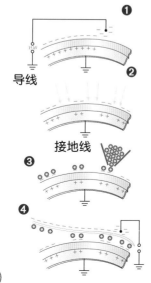

导线

接地线

❶
❷
❸
❹

（插画／施佳芬）

电流与电压

（初期的电池。图片提供／维基百科）

我们常会看到电线杆上贴有"高压勿近"的标识，或电器使用手册中"请勿在浴室使用"的警告；因为只要不慎触碰到漏电的电线或插座，后果将不堪设想。

各种导电物质

我们生活中存在许多导电体，包括水及各种金属等。纯水并不会导电，但水中的杂质会解离出带正电的阳离子与带负电的阴离子，并借它们导电。金属则因为内部充满不受原子核束缚的电子（即自由电子），只要稍加电压于金属两端，便会驱使电子移动而导电。

金、银、铜是导电性最好的天然导体，又称"良导体"。因金和银较昂贵，一般家中的电线多半是铜制的。人们还制造

金、银、铜是三种最好的天然导体，由于铜的价格较便宜，所以应用最广。（图片提供／维基百科）

出电阻为零、导电性比良导体更好的"超导体"，目前广泛应用在电子、能源、医疗及交通等行业中。

人体也是导电体，能够传导电荷并在体内形成电流。当体内的电流达到 1 毫安左右，我们就会有发麻的感觉；达到 20 毫安以上，便可能造成伤害，甚至死亡。这也是为什么我们在电源附近要小心的缘故。

半导体的导电性介于导体与绝缘体之间，是制作电路晶片的主要材料。

意大利物理学家伽尔瓦尼在解剖青蛙时偶然发现，青蛙的腿部接触到铜制的手术刀时会发生痉挛现象。他认为肌肉会产生电力，称为"生物电"。伽尔瓦尼的同辈伏打则认为电力可以由非生物的物质产生，因而创造出史上第一个电池"伏打堆"。（插画／吴昭季）

电流与电压的关系

自从伏打在 1800 年发明能提供稳定电源的电池之后，便有人开始研究电流与电压之间的关系。电压是代表电源驱动电荷流动的能力，又称电位差（单位为伏特）。1826 年，欧姆提出的欧姆定律中，说明常态下电压除以通过物体的电流的值为一常数，称为电阻（单位为欧姆）。电阻是形容物体导电性高低的最佳指标，在相同电压下，电阻大的导体所流过的电流会较少，表示导电性较低。

IEC（国际电工委员会）规定超过 1,000 伏特的电压为高压电，50—1,000 伏特则为低压电；一般家用电压介于 100—250 伏特之间，虽属低压电，但不慎触碰也会造成危险。例如，人体潮湿时的电阻值（约 1,000 欧姆）比干燥时的电阻

当物体处于特定温度时，除了电阻为零，还具有完全的抗磁性，称为超导现象。大部分的磁性金属和金银等贵金属不会发生超导现象。图中的超导体材质为陶瓷。（图片提供／达志影像）

值（约 10 万欧姆）足足低了 100 倍，说明人体潮湿时的导电性远高于干燥时。若不慎碰到插座等电源，便会产生足够大的电流，对我们的生命造成威胁。

电池的发展

由伏打所发明的"伏打电池"，又称"伏打电堆"，是历史上第一个提供稳定电源的装置，也是所有电池的始祖。他发现不同金属连接时会产生电流，于是以两片不同种类的金属为一组（作为电极），当中夹着以酸或盐水所浸湿的纸板（作为导电体），再将多组堆叠起来加强输出电压，制造出历史上第一个电池。伏打电池后来被不断改良，使用不同电极搭配合适的电解液，便能制造出不同输出电压的电池，例如现在市面上常见的干电池（主要有碳锌电池与锌锰电池两类）、汞电池、锂电池以及装在汽车上的铅蓄电池等。

正极

负极

一次性碱性电池的成分通常是锌（正极）、二氧化锰（负极）与氢氧化钾（电解液），电池容量大于碳锌电池。（插画／施佳芬）

为了预防触电，高压变电所等设施都会有警告标识，提醒一般民众别靠太近。（图片提供／达志影像）

电路

（遥控器内的串联电路，电池串联时会增加电压，提高驱动力，但使用时间比并联方式短。摄影 / 洪赞天）

圣诞节常会看到圣诞灯饰，无数个小灯泡同时闪烁，非常漂亮！可是，只要其中一个灯泡坏掉或线路断掉，就会使后面整串灯泡同时不亮，这是为什么呢？

串联与并联

电路包含电源与电器（灯泡、电阻器等）两部分。电源负责提供电流，经电路传给电器；电器则将电流转换成其他形式的能量输出（热能、动能等）。若电流流入 A 电器后才流入 B 电器，两电器使用相同的电流，这种连接方式称为"串联"；若电流一分为二，分别流入 A、B 两个电器，这种方式便称为"并联"。

串联和并联哪个比较好呢？这要看情况。例如圣诞灯饰基于造型与成

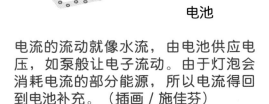

电流

电池

电流的流动就像水流，由电池供应电压，如泵般让电子流动。由于灯泡会消耗电流的部分能源，所以电流得回到电池补充。（插画 / 施佳芬）

本考量，会将多个灯泡串联在一起，但是若任何一个灯泡坏掉或电线断裂，便会阻断电流通过，造成之后的灯泡无法发光。家中电器间的连接则采用并联方式，即使切断某个电器的电源，电流依然会流入其他电器。此外，多个电池串联可提高电压输出，多个电池并联则可提高总电流输出。

闪烁的圣诞灯饰，当其中一个灯泡故障，后面的一连串灯泡会同时熄灭，这是因为串联的缘故。（图片提供 / 达志影像）

电功率与耗电量

1840 年，焦耳从实验中找出电流与能量的关系：电流经过电阻器会将电能转为热能（单位为焦耳）和其他能量，而每秒转换的电能则称为电功率（单位为瓦特）。在生活中，每个电器都可以视为一个电阻器，只要输入电流，电器就会将电能转成其他形式的能量供给我们，使生活更加方便。

至于电器的耗电量要如何计算呢？根据能量守恒定律，电器产生的能量就是电源所消耗的电量，因此电功率愈高，消耗的能量也就愈大。如果灯泡的电功率为 60 瓦特，便表示灯泡每秒钟消耗 60 焦耳的电能；若使用 1 小时便会消耗 21.6 万焦耳的电能，等于 0.06 度电（1 度电为 1 千瓦·小时）。

常见的电源总开关箱，左下方是漏电断路器。（摄影/张君豪）

灯泡串联时，电池的输出电压要供应 2 个灯泡，使得电流减少，灯泡亮度变弱。并联时，电池的输出电压分别供应 1 个灯泡，电流不变，灯泡亮度不减，但电池寿命会变短。（插画/施佳芬）

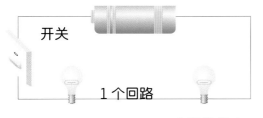

开关　1 个回路

串联的状态

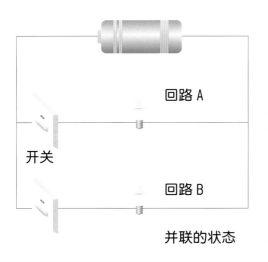

回路 A
开关
回路 B

并联的状态

如何防止电线走火

用电量过多是电线走火的主要原因。用电量超过电线的负荷时，过大的电流会使电线变热。当温度升高至燃点便会起火燃烧，引燃周围的易燃物形成火灾。因此房屋在建造时会先设计屋内的配线图，估计各个房间、厨房、浴室等可能的用电量，再分配合适的电线。电源总开关箱内也会设置保险丝来防止用电量过大。虽然有这些防备措施，我们还是要避免在同一插座上使用过多的电器，并定期更换老旧的电线，这样才能真正降低电线走火的几率。

短路是指原来的回路被一个电阻为零的回路取代，新回路的电流强度迅速变大的现象，短路易造成过热着火，以及电器设备损坏等。（图片提供/维基百科，摄影/Robert Lawton）

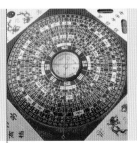

磁与磁化

（看风水用的罗盘。图片提供／维基百科，摄影／borghal）

人们利用磁来指引方向的历史已经超过2,500年了。起初使用的是司南（制成汤匙状的磁石）或水浮法（将磁针放在浮于水面的树叶上）等方法来推测南北方向，后来才慢慢发展出航海用的罗盘与指南针。

什么是磁？

中国人早在战国时代就知道天然磁石的磁性作用。人造磁铁发明后，把指向南方的一端称为南（S）极，指向北方的一端称为北（N）极。南北两极位于磁铁两端，是磁性最强的部分，并有"同极相斥、异极相吸"的特性。磁铁为什么可以指引方向呢？16世纪的科学家发现，地球本身就是一个大磁铁（称为地磁）：

地磁北极位于地球南端，反之地磁南极则位于地球北端。磁铁便是受到地磁的吸引才能指引方向。之后科学家还发现不论将磁铁分割成多小块，也无法将两极分开，仍不了解"磁"究竟从何而来。直到20世纪初，科学家拉塞福发现物质的磁性其实是来自"电子的自旋"现象，才真正找到"磁"的来源。

废弃垃圾场起重机上的电磁铁，只有在通电的时候才有磁性，用以吸取可以重复使用的金属。（图片提供／达志影像）

什么是磁化？

磁铁为什么可以吸引铁钉呢？当磁铁靠近铁钉时，会在铁钉上感应出一对相反的磁极而吸引铁钉；这时原本不带磁性的铁钉，就变成有两极的"暂时磁铁"，并且能吸引其他的铁钉，这个现象就是"磁化"。

不过并不是所有物质都能磁化，只

观察同性极和异性极磁铁之间的铁屑分布，就可以清楚地看到"同极相斥（无铁屑）、异极相吸（布满铁屑）"的特性。（图片提供／达志影像）

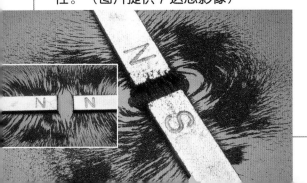

有铁、镍等磁性物质才行。磁性物质就像是由无数个小磁铁所组成，平时排列散乱，不会吸引其他物质；但当外来的磁铁靠近时，所产生的磁力会使这些小磁铁的排列方向转为一致而显现出磁性，并产生南北两极。

存折、金融卡等后面都有一条黑色的磁条，是储存资料的磁性材料，具有可以储存资料、重复读写等特性。（摄影／张君豪）

如何制造磁铁

磁铁是由磁性物质所制，从古至今的方法都大同小异，共有两个步骤：第一步，将磁性物质加热到一定程度；第二步，将它"磁化"并冷却，冷却后即成为"永久磁铁"。最早的人工磁铁出现在中国的两晋时期，叫作"指南鱼"，是将铁片剪成鱼形放在火里烧红，再夹出并顺南北方向（以地磁磁化）放置于地面上冷却即可。现在的工厂则是先将钢铁熔化，倒入不同形状的模子（条状或马蹄形等），再放置在强力磁场中冷却即可。

古时英国制造磁铁的方法，是敲打热铁棒时让两端分别对应地球磁场的南北极，然后冷却即可。（图片提供／达志影像）

动手做玩蛇把戏

你看过印度的戏蛇吗？那些蛇会随着戏蛇人的笛音慢慢将身体立起来，随着音乐摇摆。现在，就让我们来自己体验吧！准备材料有无纺布、白乳胶、回形针、活动眼睛、双面胶、磁铁、剪刀、笔、直尺。

1. 在纸上画下蛇的模样。把图案印到无纺布上，并剪下。
2. 再用各色无纺布装饰蛇的身体并贴上眼睛。
3. 回形针上绑线然后别在蛇头上。把线的一端贴在桌上。
4. 把磁铁粘在直尺上，然后便可以来戏蛇了。

（制作／林慧贞）

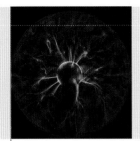

电场与磁场

（等离子球。图片提供 / 维基百科，摄影 /Luc Viatour）

只要有电荷就会有电场，只要有磁极就会有磁场；电场与磁场会再对场内的其他电荷与磁极作用，于是指南针会转动，电视、电脑荧屏也相继诞生。

随机散布的铁屑会按照磁铁的磁场线排列，愈靠近磁极的地方愈密集。（图片提供 / 达志影像）

什么是"场"与"力线"？

1840 年法拉第把一根磁铁放在布满铁屑的卡片上，磁铁周围的铁屑便分布成一个复杂又有趣的图案。他将这种空间分布的变化称为"场"，磁所产生的"场"就称为"磁场"。仔细观察铁屑的分布，可以发现愈靠近磁极的地方铁屑愈密集，表示磁力越大。法拉第以直线与箭头来标示磁力的大小，形成一条条代表磁场分布的"磁力线"。有了磁力线就可以简单描述磁场中每个位置的磁力大小与方向；同样的，法拉第也以"电场"与"电力线"来描述电荷周围的电力大小与方向。法拉第的"场"与"力线"为电学与磁学加入数学的空间概念，对后代科学家有非常深远的影响。

电磁场

感应环

罗盘指针

法拉第除了定义"场"的概念之外，还发现了磁可以生电，因而创造出人类历史上第一台发电机。（插画 / 吴昭季）

"场"的应用

既然"场"与"力线"已经将电、磁与空间概念结合在一起，有人便想到可以利用电场的大小与方向来显示图像，例如电视和电脑荧屏等。液晶显示器是使用电场来改变液晶的排列方式，让光穿透液晶和滤色镜后产生不同的颜色变化；喷墨打印机则是借电场来控制带有电荷的墨水微粒，让墨水微粒正确地落在纸上。除了利用电场来显像，强大的电场还可以将不导电的空气游离成等离子体。等离子电视正是利用此现象，刺激荧光粉发出三原色的光，再依据影像信号控制电场大小，便可以形成动态的画面与彩色的影像。

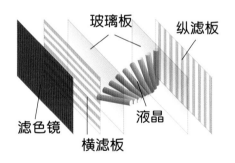

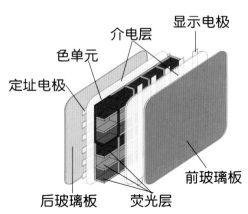

虽然看起来类似，但是液晶显示器（上图）和等离子显示器（下图）的构造不同。（插画／施佳芬）

避雷针

早在 18 世纪，富兰克林便设计出避雷针，成功地保护房屋及船只免受雷击。这个重要的发明一直沿用至今，现在每栋大楼的顶端一定会设置避雷针。当快要打雷时，云层底部会累积大量的负电荷，使得地面上的物体感应产生极性相反的正电荷。避雷针因形状较为尖锐与细小，会聚集特别密集的电荷，在周围形成强大的电场；电场使空气分子游离成等离子体而导电，因此避雷针上的静电（正电荷）会向上放出，以吸引天空中的闪电（负电荷），再通过接地装置将闪电引入地下，避免房屋直接遭到雷击。

屋顶上的避雷针由于形状尖细，比较容易聚集正电荷，因此在打雷时会吸引闪电，通过接地装置将其引入地下。（摄影／张君豪）

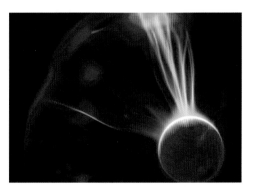

等离子球是以一般的灯泡接在高压变压器上，当电源接通时灯泡中有很高的电压，若手指靠近灯泡的玻璃球，便会产生强大的电场，使灯泡内的气体游离而触发放电现象。（图片提供／达志影像）

电与磁的关系

（法拉第。图片提供 / 维基百科）

在 19 世纪前，人们认为电与磁是两种毫不相关的现象。直到奥斯特、法拉第以及麦克斯韦等科学家出现，人们才知道电与磁就像是一体的两面，无法分开。电会生磁，磁会生电，因此才带动了电磁铁、发电机、电动机、天线等重要发明，使人们进入电力与无线通信的时代。

电生磁：电流磁效应

1820 年奥斯特发现，通电的导线会使一旁的磁针偏转，表示"电流会产生磁力"，使磁针转动，即"电流磁效应"；随后在 1825 年就出现了电流磁效应的第一个应用：电磁铁。电磁铁是将导线缠绕在绝缘铁棒上，当电流通过时才会使铁棒成为带有磁性的磁铁，不通电时便无磁性。电磁铁的特性，让它迅速地应用到电报、电话、喇叭等物品上。

电磁铁。图中的铁钉因为导线通电而获得磁性，这个特性现在还运用在电话、电铃等物品上。（图片提供 / 达志影像）

磁生电：电磁感应

既然电流能产生磁力，那么反过来是否也可行？1831 年法拉第发现，当磁铁穿入或拿出金属线圈的瞬间都会产生电流，其他时间则不会，也就是说"磁通量改变时，会在电回路的两端产生电压，造成电流流动"，称为"电磁感应"。依据电磁感应的现象，法拉第成功地制造出历史上第一台发电机，

交流电使电磁炉内部产生迅速变化的磁场，使得铁锅的锅底产生涡电流。由于铁锅本身具有电阻，所以涡电流会使铁锅加热升温，这样就可以煮东西了！（插画 / 吴仪宽）

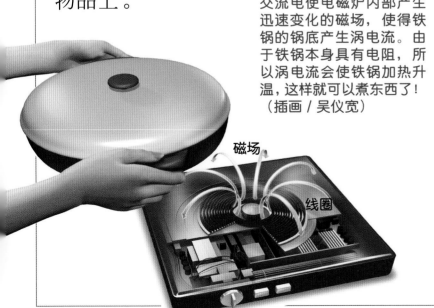

磁场

线圈

可提供源源不绝的电流，为人类进入电气时代奠定了基础。

电磁交感

电生磁和磁生电的实验都一一得到证实之后，1865年麦克斯韦系统地总结了法拉第等人的成果，以数学方式与"场"的概念写下著名的"麦克斯韦方程式"。除了完整且精确地描述了"电流磁效应"、"电磁感应"等现象外，还提出了新的观点：当电场变化时会产生磁场。这和法拉第由电磁感应现象中所得到的结论"磁场变化时会产生电场"相辅相成，因此合称为"电磁交感"。此外他更预言电磁波的存在，为无线通信点亮了第一道曙光。

安培的右手定则。当右手握住导线时，拇指指向电流的方向，其余四指则是磁力线的方向。（插画／穆雅卿）

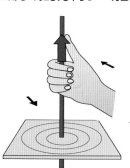

金属探测器是由通过交流电线圈产生的磁场，进而使金属物体内部产生涡电流；涡电流又会产生磁场，反过来影响原来的磁场，从而使探测器发出鸣声。（图片提供／GFDL）

发电机的原理

发电机的种类很多，大小也不一，但原理都是将某种机械能转换为电能，例如火力、风力和水力发电厂都是借由带动涡轮运转，然后驱动发电机产生电流，传送到我们的家。

发电机的构造主要分成三个部分：场磁铁、电枢和集电环。场磁铁负责提供固定的磁场，是由两个磁极组成；电枢则是在两磁极之间的转动线圈；集电环负责将电枢上所产生的电流输出。当有外力使电枢在磁场中转动时，穿过线圈的磁场（磁力线）便会改变而产生电流。

汽车发动后，引擎的动力会使发电机产生电能，储存在电瓶内。（摄影／张君豪）

现在发电厂的大型发电机虽然能够产生更多的电流，但仍然是应用"磁生电"的原理。（图片提供／达志影像）

单元 8

电磁波

（赫兹。图片提供／维基百科）

电磁波是能量传递的一种形式，普遍且无形地存在于我们四周。除了各种通信用的电磁波外，人体也会发出电磁波（红外光）来散发热量，以及接收电磁波（可见光）来辨识各种物体的形状与颜色。

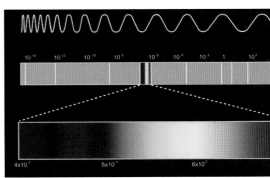

电磁光谱。上方为电磁波波长，中间彩色部分则是人眼可看到的可见光，由不同波长和能量的光组成。（图片提供／达志影像）

 ## 电磁波的产生

麦克斯韦的"电磁交感"理论告诉我们，电场变化时会在周围产生磁场，而磁场变化后会再产生电场。这个电生磁、磁生电的交互循环便会产生电磁波传出去。1887 年，赫兹首度证明了电磁波的存在，并且测量出电磁波的速率与光速相同，遇到物体也会有反射和折射等现象。

天线是发射与接收电磁波的重要元件。发射端天线借由电子的来回振荡而产生特定频率的电磁波；接收端收到电磁波的时候，便会感应产

天线的功用为发射与接收电磁波。体积愈大的天线所产生和接收的频率愈低，体积愈小的则相反。（图片提供／达志影像）

生频率相同的电子信号。体积愈大的天线所产生与接收的电磁波频率愈低；相反，体积小的天线则是用来产生与接收频率较高的电磁波。接收电视信号的天线就比手机上的天线大上百倍呢！

 ## 电磁波的特性与应用

电磁波可以传送能量，是由电场与磁场组合而成。电磁波的强度会随着传播距离的增加而减弱；传播速率则等于光速，每秒达 30 万千米。不同频率的电磁波有不同

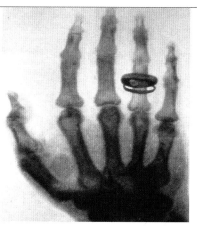

X 射线是电磁波的一种。图为第一张 X 射线的照片，由发现 X 射线的伦琴于 1895 年所摄。（图片提供 / 维基百科）

的特性，在应用上也不相同，从低频到高频可分为无线电波、微波、红外光、可见光、紫外光、X 射线等。无线电波（小于 300MHz）具有不易被阻挡、不易多普勒频移偏移等特性，常用于长距离的广播，如电视与收音机的收发。微波（300MHz—300GHz）具有直线传播、可穿透电离层等特性，因此适用于雷达侦测以及卫星通信。红外光、可见光、紫外光是最自然的电磁波，为太阳传递能量的形式。X 射线有穿透人体软组织（如器官）却穿不透硬组织（如骨头）的特性，被广泛用于医学检验中。

热门的电视游乐器 "Wii"，是利用控制器所发出的红外光来感应位置，让荧幕中的物件和手中的控制器一起移动。（图片提供 / 达志影像）

微波炉如何加热食物

微波炉的主要构造——磁控管，原来是第二次大战期间英国人为了制造武器而研发的。英国与美国专门制造电子管的雷神公司合作，虽然没制成微波武器，但是雷神公司却在 1947 年生产了世界上第一台微波炉。微波炉的主体是一个共振腔，微波在里面会共振，让食物内的水分子振动而达到加热食物的效果，而微波的来源就是磁控管，频率约 2.45GHz。为何要选择 2.45GHz 呢？这是为了让电磁波能快速进入食物内部各处加热。频率太高会让大部分电磁波碰到食物表面便反射，而无法进入食物内部，仅能让表面吸收能量；太低则加热速度太慢而不实用。

微波炉是用微波振荡食物内的水分子，使水分子动能上升而达到加温效果；转盘则可避免食物加热不均。（图片提供 / 达志影像）

供电系统

（变电箱。摄影 / 张君豪）

你知道插座上的电从哪来吗？它是从发电厂输出，一路经过电塔、变电所，以及路旁的电线杆，才抵达我们家；最后再由家中的总开关分配电力至各个插座，供应我们稳定且安全的电。

交流电与变压器

1888 年，美籍科学家特斯拉利用交流电和变压器，创造出一套可生产和传递电力的实用系统，进而扩大了电力的传送距离；即使是距离发电厂很远的地区也同样能享用电力。交流电是指大小和方向会发生周期性变化的电流，而变压器能将交流电压以一定的倍数增加或减少。特斯拉利用交流电发电机产生交流电，通过变压器将电压大幅提高，到达目的地后再降压，就能将电力传至远方。

有了电流和供电系统才有如此美丽的夜景，也减少了夜晚生活的不便。（图片提供 / GFDL）

为什么要用高压电呢？因为当电流在导线中流通时会产生热能，因而耗损电磁能。电流愈大，损失的能量也愈多。如果将电压（V）升高，相对的电流（I）就会变小（P=IV，发电机输出的功率 P

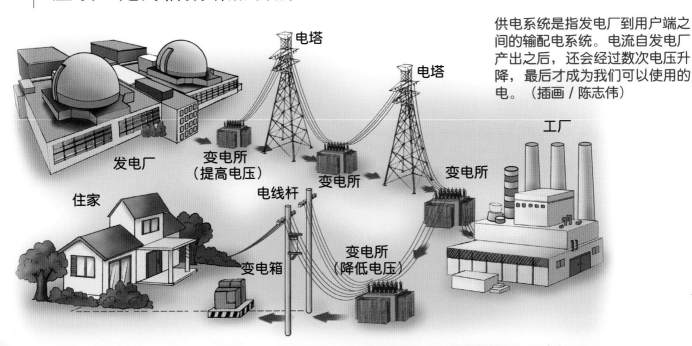

供电系统是指发电厂到用户端之间的输配电系统。电流自发电厂产出之后，还会经过数次电压升降，最后才成为我们可以使用的电。（插画 / 陈志伟）

电塔

电塔

工厂

发电厂

变电所（提高电压）

变电所

变电所

住家

电线杆

变电箱

变电所（降低电压）

为定值），这样能量在传输途中的损耗就可以降至最低。

供电系统架构

供电系统泛指从发电厂到用户端之间的输配电系统，依电压等级可以分为："高压输电系统"以及"一二次配电系统"。负责大容量电力长距离传输的"高压输电系统"为输电系统的基干，输送11万伏特或更高的电力，位置介于发电厂与各地区的高压变电所（110kv转50kv）之间。地区性供电系统的"一二次配电系统"则是负责输送5万伏特以下电力，形同主干的分枝，位置介于高压变电所与用户端之间。电力从高压变电所输出后，会经过区域变电所（50kv转11kv或22kv）以及设置在路边的变电箱（11kv或22kv转110v或220v）后，才提供给区域内的各用户。

大型变压器在转换电压时会放出许多热能，而长时间在过热环境下运作容易伤害机器，所以需要特殊的变压器油以作为冷却剂。图中上方三个容器为油容器。（图片提供/维基百科）

供电方式有哪几种

多数国家的家庭供电都是"单相三线式"，分别为2条火线与1条中性线；2条火线提供单相电源。这三线都接到家中的总开关，不过通常只有1条火线和1条中性线被拉到双孔插座或一般开关，因为只要1条火线与中性线便能驱动电器运转。火线与中性线所提供的电压差各国都不相同，依不同国家所订定的电压标准而定，例如美国为120伏特，欧洲则为230伏特。有些建筑另有不带电的接地线，主要用来防止电器漏电伤人，尤其是具有金属外壳的设备（如电脑或各式电子仪器等）。工厂、医院、学校等则使用"三相三线式"，三线都属于火线，两两之间都可以提供单相电源，一共3个相位。它们之间的电压差都为220伏特。在推动机械方面，三相位电源的推动力和效率比单相位电源大上许多，因此适合工厂等需要大电力的场所。

除了多相交流供电技术之外，特斯拉最有名的发明是"特斯拉线圈"，能够产生高频低电流的高压交流电，而且对人体无害。（图片提供/达志影像）

图中的三孔插座连接1条火线、1条中性线和1条接地线（圆孔）。（图片提供/维基百科）

电磁与动力

（果汁机是使用感应电动机的电器之一。图片提供 / 维基百科）

电磁力已经成为我们生活中主要的动力来源，不论是风扇还是冰箱与空调压缩机的运转，抑或是电车与磁悬浮列车的运行，都是将电磁力转为动力的结果。

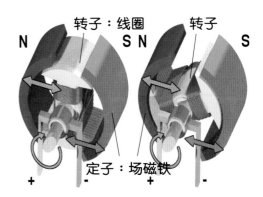

直流电动机的构造图。
（图片提供 /GFDL，制作 /
Wapcaplet in Blender）

电动机的结构

电动机可以驱动机械作旋转或直线运动，是使电磁力转换成动力的基本装置，与发电机的作用恰好相反。电动机包含转子和定子两大元件：转子为可旋转或移动的部分；而定子则固定不动，提供转子周围的磁场。以直流电动机为例，转子为电枢（线圈），定子为场磁铁。当我们将直流电输入转子上，转子就成为电磁铁，具有南北两极的磁性；定子也会产生磁场，不断吸引或排斥转子，使得转子作旋转或直线运动。

但是对交流电动机来说，转子可以是永久磁铁或金属棒，定子为线圈，我们必须将交流电输入定子上，由定子产生的磁场带动转子。直流与交流电动机机制看起来虽然不同，但都是以电来产生相斥或相吸的磁力，进而产生动力并对外作功。

由于科技进步，电动机愈做愈小，使得小型用品也可以使用电力驱动。（图片提供 / 达志影像）

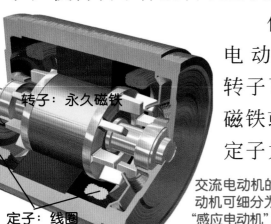

转子：永久磁铁

定子：线圈

交流电动机的构造图。交流电动机可细分为"同步电动机"和"感应电动机"，应用广泛。（插画 / 吴仪宽）

电动机的应用

电动机的应用遍及各处，如办公室及家庭，几

变频空调（右图，使用同步电动机）可以依设定的温度调节电动机的转速，所以更省电、安静，有逐渐取代传统窗机空调（左图）的趋势。（摄影／张君豪）

乎是无所不在。最常见的电动机则是"同步电动机"和"感应电动机"。"同步电动机"的转子为永久磁铁，定子则由线圈组成，当交流电流入线圈就会形成随时间变化的旋转磁场，并由磁场来带动转子的"同步"旋转。同步电动机具有转速稳定、效率高等优点，常见的应用有DC变频冷暖气机和洗衣机等。"感应电动机"的转子则是由多根金属棒所组成，称为鼠笼式转子，定子产生的旋转磁场会使转子感应出电流并具有磁性，而后旋转。感应电动机的特点是构造简单、便宜耐用、转速高，应用在风扇、传统式空调和果汁机等物品上。

磁悬浮列车

最早的载人磁悬浮列车出现在1989年的德国柏林，虽仅行驶两个月便终止，但磁悬浮技术的研究却没停止。目前有磁悬浮列车营运的国家有德国、中国、日本三国，列车最高速时可达500千米以上。磁悬浮列车主要是由"电力悬浮系统"、"导向系统"和"推进系统"三大部分所组成的。

"电力悬浮系统"提供列车的悬浮支撑，让列车行进时所受的摩擦阻力降至最低；"导向系统"负责确保列车能够沿着导轨的方向运动；"推进系统"则是主要的动力来源，负责驱动列车前进。

推进系统是使用同步电动机原理：列车底部的超导磁铁为转子，安装在轨道内侧的线圈为定子。当交流电通过定子时，所产生的移动磁场（或移动磁极）便会拉动转子前进。简单来说，列车头部的电磁体会受到前方轨道上的异性磁极所吸引，同时被后方轨道上的同性磁极所排斥而前进。由于定子内流动的电流方向会持续改变，因此产生的磁极具有移动速度，带动列车快速前进。

磁悬浮列车的推进系统使图中日本的MLX01时速高达581千米，为现今金氏世界纪录最高速保持者。（图片提供／GFDL，摄影／Yosemite）

单元11

生物中的电与磁

（鲨鱼。图片提供 / 维基百科）

我们需要利用发电机或电池才能产生电以供使用，需要指南针或 GPS 才可以辨别方向，但是自然界中却有一些生物可以自行发电，或者天生就知道东西南北而不会迷路，非常神奇！

会发电的生物

海洋中生活着一群会发电的鱼，例如电鳗、电鳐等；它们发出电击来捕获（电晕）猎物或是自我防卫，其中电鳗是放电能力最强的。电鳗两侧的体内有许多圆盘状电细胞

夜行性的电鲶体长可达1米。电鲶会攻击其他鱼类，发出的电压约 400 伏特。（图片提供 / GFDL，摄影 / Stan Shebs）

（称为电斑）叠接在一起，每个电细胞都像一个小型的电池，可以提供电压的输出；从头部算起到尾部为止，至少会有上千个电细胞串接在一起，总电压输出高达 500 伏特（一个电细胞约产生 0.15 伏特）。一旦猎物靠近，大脑便会下达命令给这些电细胞发出电流来攻击对方。由于电鳗的身体是由导电性低的表皮包覆，所以电鳗在水中放电时，电流会经由水传递出去，而不会电到自己。

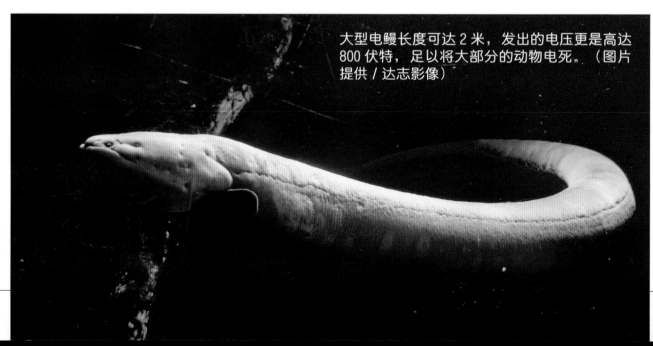

大型电鳗长度可达 2 米，发出的电压更是高达 800 伏特，足以将大部分的动物电死。（图片提供 / 达志影像）

带有磁性的生物

早在 20 世纪 60 年代，微生物学家便从沼泽沉积物中发现具有明显定位能力的细菌，它们会依循"地磁场"的方向由南向北移动，因此被称为"趋磁细菌"。趋磁细菌体内有称为"磁小体"的细胞，单个磁小体内包含多个排列在一起的磁性颗粒，因此磁小体就像指南针中的磁针一样，可以让磁菌知道正确的地磁方向，以快速找到营养丰富的环境。除了趋磁细菌之外，科学家发现候鸟、鸽子也有相同的能力，称为动物的"定向识途"本能。它们体内同样具有磁性颗粒，就像有个负责指引方向的"磁罗盘"在脑中，因此能辨别方向，飞向目的地。

鸽子放飞之后能够回到鸽房，是因为鸽子的体内具有磁性颗粒，使它们可以辨别地磁场，借以找到回巢的方向。（图片提供 / 达志影像）

鲨鱼的电觉器官

除了一般的五种感官（视、嗅、味、触与听觉），鲨鱼还具有第六种感官——电觉器官。电觉器官是位于鲨鱼口鼻处附近的独特电觉构造，又称劳伦氏壶腹。由于生物在运动中都会产生微弱的电场，鲨鱼透过劳伦氏壶腹便可以感受到周围动物的一举一动，即使是躲在砂中的生物也不例外。有时鲨鱼会将船只误以为是猎物而攻击，这是因为金属船身与海水接触所产生的微弱电场，与猎物发出的电场相似。游泳者划水的动作或是金属钓鱼线碰触水面的动作，也很容易吸引鲨鱼前来。

蜜蜂到远处采蜜后能够回到蜂巢，是因为能利用太阳的位置和地磁场来确定方位。（图片提供 / 达志影像）

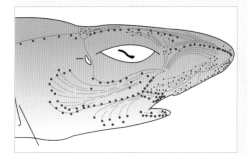

除了侦测微弱的电场之外，鲨鱼类的劳伦氏壶腹还可以感应水中温度的变化。（图片提供 / 维基百科）

电磁与医学

（旧式心电图机。图片提供 / GFDL）

电磁不仅能使机械运作，也能主宰我们身体一切的动作与感觉。大脑借由产生"脉冲电压"（俗称神经信号），通过神经传导来控制身体的各部位，让我们能做出弯曲、转动等动作；而我们的感官如皮肤、眼睛、耳朵等，则会将外来信息转成"脉冲电压"，再经由神经回传至脑部，使我们对冷热、光与声音有感觉。

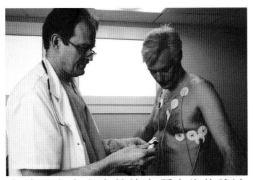

心脏是由右心房节律点所产生的脉冲电压刺激整个心肌而跳动。图中的医生正在做心电图，检测心脏的跳动情形。（图片提供 / 达志影像）

我们的眼睛会将外来信息（可见光）转换成脉冲电压，经由神经传回脑部，让我们的大脑产生影像。（图片提供 / 达志影像）

心电图与脑波图

脑和心脏是身体机能的指挥和总部，只要任何一个停止工作，我们便会死亡。心电图与脑波图便是用来检查它们是否健康，以作为医生诊断的参考。

心脏的跳动是由右心房的节律点产生脉冲电压，刺激整个心肌而产生的。这个脉冲电压会经过神经系统传导到全身，我们可以在人体靠近心脏的部位收集，再利用电子仪器显示心脏跳动的情况，这就是心电图。只要心脏活动出现任何异常状况，如心律不整、心肌梗塞、心室肥大等，都会出现在心电图上。

脑细胞活动时也会和心脏一样产生脉冲电压，所以也可以做脑电图。健康

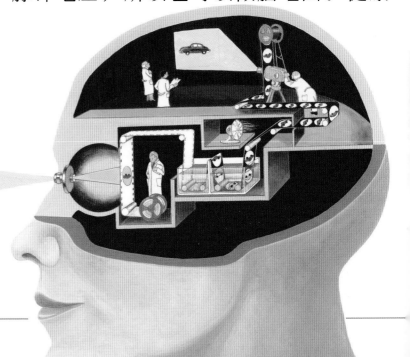

的脑电图有一定的波形，因此又称脑波图。当脑部受到严重外伤或发生癫痫等，就会出现异常的波形。

计算机体层摄影与磁共振成像

目前最常用来检查全身是否有异常组织（例如肿瘤）的方法有两种，分别为计算机体层摄影（CT）与磁共振成像（MRI）。CT即是把整个脑部由上而下，一层一层分别用X射线照射成像后，再用计算机将资料组合而形成立体影像。MRI则比CT更精细，首先必须将受测者置于磁场中，用适当的电磁波照射；由于人体是由原子组成，所以在MRI的照射下，人体内氢和氧等元素的原子核会产生共振，并释放随组成元素而异的电

磁共振成像技术是科学研究和临床诊断的利器，对医学的影响很大。（图片提供／达志影像）

磁波光谱。分析光谱便可以得知身体各组织的结构和成分，并且成像。MRI不但可以检查人体内的组织和器官，还可以侦测农产品中的水含量，如稻米中淀粉与水分的分布与比例。

计算机收集心脏跳动的信息后，就会绘制出心电图，供医生诊断受检者的健康状态。（图片提供／达志影像）

人工视网膜

视网膜是我们眼球后部一层非常薄的细胞层，是眼睛里将光转为神经信号的部分。人体视网膜由前而后主要分为3层：第一层的视杆、视锥等负责感光，第二层负责视觉处理，第三层的神经结细胞则是连接后方的视神经，并传递信号给脑部。

视网膜晶片便是模拟视网膜的功能，将光转为电脉冲（感光），并将脉冲信号处理、压缩（视觉处理），最后刺激人体的神经结细胞，让视神经将信号传到脑部，模拟自然光的效果，使盲人产生视觉感受。不过目前这还处于实验阶段，虽然已经能让盲人分辨环境明暗与物体形状，但要达到正常人所拥有的精致视觉（高解析度的影像），就得拥有更强大的资料处理能力，这也是研究员亟欲突破的地方。

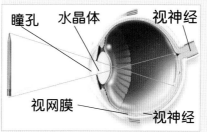

瞳孔　水晶体　视神经　视网膜　视神经

眼球的构造。大多数盲人的视觉器官往往只有一部分发生病变，所以人工晶片只要对其他完好的部分稍加刺激，就可以模拟自然光的效果。（图片提供／达志影像）

电子科技

（手机中的 SIM 卡。图片提供 /GFDL）

你知道计算机、手机等各式电子产品是如何问世的吗？这都归功于电子科技与半导体技术的发展。电子科技是泛指利用"电子"所达成的各式应用与其所衍生出来的技术，其中电子元件是电子科技发展的关键，而半导体技术能将电子元件的体积大幅缩小，让电子制品可以愈做愈小。

 ## 从真空管到电晶体

真空管是最早出现的电子元件，可用来放大电子信号（真空三极管）或作为开关控制电路（真空二极管）。真空管是由英国物理学家弗莱明于 1904 年率先发明，随即被应用在无线通信（收音机等）上以及促成第一代计算机（ENIAC）的诞生。真空管的基本原理是借由

发明电晶体的三位科学家由左到右分别为：巴丁、肖克莱和布喇顿。这三人荣获 1956 年的诺贝尔物理奖。（图片提供 / 达志影像）

1947 年，美国贝尔实验室所研制的第一枚电晶体，在次年的 6 月才正式发表。（图片提供 / 维基百科）

通电来加热阴极金属板使它放射出电子，另一端的阳极金属板则接收电子形成通路；若不通电就没有电子射出，而形成断路，使真空管成为以电控制的开关。由于电子的发送接收都在玻璃制成的真空管中进行，因此容易损坏、体积庞大，而且非常耗电。

1947 年，电晶体的发明提供电子固态的通道，不仅比真空管的气态通道更稳，而且只要施加少许的电压便能导电，具持久、短小轻薄且耗电少等优点。因此真空管随即被取代，现在很少看到了。

由于耗电多、体积大、容易破损等缺点，使得真空管被电晶体快速取代，现在只在高级音响中偶尔可以看到。（图片提供 / 达志影像）

IC 晶片

IC 晶片（即集成电路）就是做在半导体材料（晶圆）上的超小型电路，由无数个电子元件（电晶体、电阻等）相连在一起，可以执行计算、开关等功能。从 1959 年第一颗包含单个电晶体的晶片发明至今，短短 40 年已经可以将上千万个电晶体放到同一片 IC 晶片上了。电晶体做成的开关切换速度非常快，可达千兆赫（GHz）以上；我们常见的计算机 CPU 其实就是一颗功能强大的超级 IC。

IC 晶片的制造是从晶圆厂产出的晶圆片（8 寸或 12 寸）开始，根据不同的需求及设计，将晶圆片经过沉淀、蚀刻、加温、光阻处理、涂布、显影等加工程序而制成，一片晶圆片可制出数十到数百颗的 IC 晶片。

半导体材料

虽然 1833 年法拉第就发现了半导体物质，但是之后的科学家对半导体的存在却持有不同见解。直到 1947 年，巴丁、布喇顿、肖克莱三人发明了史上第一颗电晶体之后，半导体才急速发展成现在的大规模产业。

硅片加工时，除了必须在无尘室，还要避免接触到皮肤或头发等，所以工作人员要穿防护衣。（图片提供／达志影像）

半导体的导电性介于导体与绝缘体之间，有 P 型与 N 型两种。若以第四族元素（硅、锗等）为材料，加少量第三族元素当杂质，是 P 型半导体（电洞为主要导电粒子）；加少量第五族元素当杂质，则是 N 型半导体（电子为主要导电粒子）。导电度的大小则是由掺入杂质的浓度决定。

最常见的 IC 晶片，就是计算机中的中央处理器（CPU），晶片上可能有上千万个电晶体。（图片提供／达志影像）

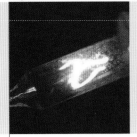

光电科技

（钨丝灯。图片提供／维基百科）

光电科技是将光学和电子科技结合起来，应用在影像的显示、信息的传递与储存等。近五十年来，由于光电科技的急速发展，促成了电灯、相机、电视等的革命。

光电科技的进步，让相机除了电子化之外，还可以附加在小如行动电话的电子产品中。（摄影／张君豪）

照明

20 世纪初期，钨丝灯（白炽灯）与荧光灯（日光灯）相继发明，开启了电转光最早的应用。钨丝灯以通电加热钨丝来发光；荧光灯则是以电子激发水银分子由荧光物质发光。不过，钨丝灯耗电；荧光灯管中则含有汞，容易污染环境。

1962 年，美国通用电气公司开发出第一颗发光二极体（LED）。LED 属于固态照明，具有环保、高效率、高亮度、不易损坏、寿命长等优点。LED 是由半导体材料制成，当施加电压使 P 型半导体的电洞与 N 型半导体的电子结合，便会放出能量而发光。目前许多国家（美国、

英国等）已计划将路灯全面更换，LED 灯照明的时代即将来临。

等离子电视除了画质清晰、颜色鲜明、面板厚度薄之外，还有电磁波辐射极小和比液晶电视省电等优点。（图片提供／维基百科）

世界上最大的 LED 显示屏幕在美国拉斯维加斯的 Fremont 街，全长超过 450 米，几乎涵盖了这条街的 5 个路口。（图片提供／维基百科）

影像显示与影像感测

电转光的影像显示，除了用电来发光，还必须控制每个像素的色彩与亮度，才能形成清晰且不失

真的影像。例如，等离子电视中的每个像素都由会发出红、绿、蓝光的小单元所组成，借由电压控制三原色的亮度比例，便可以混合成各种颜色并组成图样显现。

影像感测则是将光转成电信号，例如常见的CCD矽半导体晶片（电荷耦合元件）。一片CCD约邮票大，每个像素内都有3颗光电二极体负责感应红绿蓝三种光，产生的电荷信号（即电子—电洞对）会随光线强弱而有大小的不同，最后再依序储存至记忆卡中。

太阳能电池

第一个太阳能电池在1954年诞生于美国的贝尔实验室。矽具有较好的光电转换效率，因此以矽半导体制成的太阳能电池最常见，分为：单结晶矽、多结晶矽、非结晶矽3种。太阳能电池的基本构造是由P型与N型半导体接合而成，当太阳光照射P-N接面时，半导体会吸收太阳的能量产生电子—电洞对，靠着P-N接面原有的电场特性引出电子，此时外部用电极连接形成一个回路就能发电。太阳电池产生的电是直流电，必须换成交流电才能供家庭或工厂使用。

太阳能的优点是生产过程中没有污染而且不会枯竭，缺点则是造价昂贵以及某些区域的投资回报率（如阴天多或日照短）不高。（图片提供 / 维基百科）

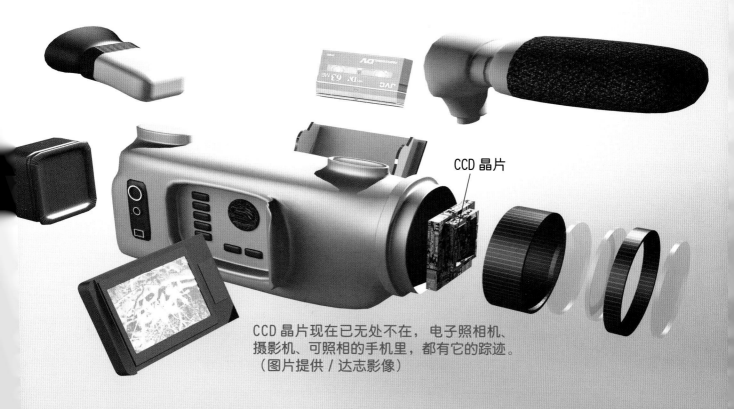

CCD 晶片

CCD 晶片现在已无处不在，电子照相机、摄影机、可照相的手机里，都有它的踪迹。（图片提供 / 达志影像）

英语关键词

电	electricity
电子	electron
电荷	electric charge
电压	voltage
电场	electric field
电功率	electric power
串联电路	series circuit
并联电路	parallel circuit
静电	static electricity
闪电	lightning
避雷针	lightning rod
磁	magnetism
磁场	magnetic field
磁铁	magnet
电磁铁	electromagnet
发电机	power generator
直 / 交流电	direct/alternating current

发电厂	power plant
变压器	transformer
电磁炉	electric oven
电池	battery
太阳能电池	solar cell
电动机	motor
同步电动机	synchronous motor
感应电动机	induction motor
定子	stator
转子	rotor
线圈	coil
空调	air conditioner
电磁波	electromagnetic wave
无线电波	radio wave
红外光	infrared（IR）light
可见光	visible light
X 射线	x-ray

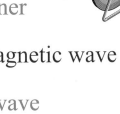

脉冲电压（动作电位） spike potential（action potential）

天线 antenna

MRI 磁共振成像 magnetic resonance imaging

CT 计算机体层摄影 computerized tomography

心电图 electrocardiogram （ECG）

脑波图 encephalogram（EEG）

微波炉 microwave oven

导体 conductor

超导体 superconductor

半导体 semiconductor

绝缘体 insulator

真空管 vacuum tube

电晶体 transistor

IC 晶片 integrated circuit chip

电荷耦合元件 charge-coupled device

LCD 液晶显示 liquid crystal display

PDP 等离子显示 plasma display panel

LED 发光二极体 light emitting diode

伏打 Volta

伏特 Volt（V）

富兰克林 Franklin

法拉第 Faraday

安培 Ampere（A）

库伦 Coulomb（Q）

欧姆 Ohm（R）

电鳗 electric eel

趋磁细菌 magnetotactic bacteria（MTB）

磁小体 magnetosome

劳伦氏壶腹 ampullae of Lorenzini

新视野学习单

1 电与磁的历史，请按事件发生的先后填上 1—4。

（ ）电子的发现。

（ ）电磁波的发现。

（ ）中国发现磁石会相互吸引。

（ ）希腊发现琥珀摩擦后会相互吸引。

（答案见第 06—07 页）

2 是非题。有关静电的概念，对的打○，错的打×。

（ ）异性电相斥，同性电相吸。

（ ）静电吸引或排斥力的大小，由物体的带电量与距离来决定。

（ ）物质摩擦时，失去电子的一方呈"带负电"状态。

（ ）物质摩擦时，得到电子的一方呈"带正电"状态。

（答案见第 08—09 页）

3 连连看，什么是电流、电压、电功率、耗电量？

电流 · · 电器每秒转换的电能，单位为瓦特

电压 · · 电荷的流动，单位为安培

电功率 · · 驱动电荷流动的能力，单位为伏特

耗电量 · · 电器用掉的总能量，单位为焦耳

（答案见第 10—13 页）

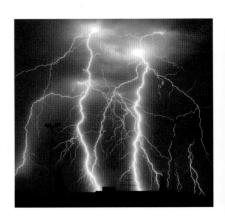

4 连连看，下列磁铁各自拥有哪些特性呢？

电磁铁 · · 当磁化源（例如磁铁）移除后，很快便消失磁性

永久磁铁 · · 电流通过时，才带有磁性

地磁 · · 驱使指南针转动的原因

暂时磁铁 · · 制造时，必须经过加热、磁化并冷却等步骤

（答案见第 14—15 页）

5 是非题。关于电与磁的关系，对的打○，错的打×。

（ ）电分正电与负电；磁分南极与北极。

（ ）电与磁是两种完全不相关的现象。

（ ）当电场变化时会产生磁场。

（ ）当磁场变化时会产生电场。

（答案见第 14—19 页）

6 关于电磁波和电磁场的叙述，哪些是正确的?
（多选）

（　）电磁波的强度随传播距离的增加而减少。

（　）不同频率的电磁波特性差不多。

（　）红外光、可见光、紫外光等都是电磁波。

（　）天线是用来发射与接收电磁波的。

（答案见第 20—21 页）

7 是非题。关于动力与电力的传输，对的打○，
错的打×。

（　）电动机是电能转成动能。

（　）发电机是动能转成电能。

（　）远距离的电力传输必须使用高压电。

（　）交流电是指大小和方向会周期性变化的电流。

（答案见第 22—25 页）

8 关于生物中的电与磁，哪些叙述是正确的? （多选）

（　）候鸟、鸽子等可以感应地磁场来辨别方向，并飞
向目的地。

（　）劳伦氏壶腹是鲨鱼独特的磁觉构造，可以感应磁场。

（　）电鳗从头到尾就像串联了上百颗小电池，总电压
输出可以高达 500 伏特。

（　）我们的大脑是借由脉冲电压通过神经传导来控制
身体的各部位。

（答案见第 26—29 页）

9 电子科技的发展史，请按照发生的先后填上 1—4。

（　）IC 晶片的出现。

（　）真空管的发明。

（　）电子的发现。

（　）电晶体的发明。

（答案见第 30—31 页）

10 连连看，我们生活中的光电产品，所使用的光电机制
各是什么?

　　　　　　　　　·LCD 液晶电视

电转光 ·　　　　·CCD 元件

光转电 ·　　　　·太阳能电池

　　　　　　　　　·LED 灯

（答案见第 17，32—33 页）

我想知道……

开始!

这里有30个有意思的问题,请你沿着格子前进,找出答案,你将会有意想不到的惊喜哦!

第一个能储存电的容器是什么?
P.07

为什么铁容易被磁化而产生磁性?
P.07

富兰克林要在暴风放风筝?

谁首度证明了电磁波的存在?
P.20

Wii 是利用哪种电磁波操作?
P.21

微波炉的微波来源是什么?
P.21

太棒赢得金牌。

电磁炉是否利用到磁力?
P.18

半导体有哪两种?
P.31

LED 照明有什么优点?
P.32

什么是 CCD 晶片?
P.33

避雷针如何保护房屋?
P.17

为什么真空管会被电晶体取代?
P.30

电鳗为什么不会电到自己?
P.26

颁发洲金

太厉害了,非洲金牌也是你的!

等离子体是什么?
P.17

液晶显示器如何显示影像?
P.17

为什么磁铁可以指引方向?
P.14

如何线走

为何
雨中

P.08

闪电是如何产
生的?

P.08

如何防止静电的
累积?

P.09

不错哦，你已前
进5格。送你一
块亚洲金牌！

了，
美洲

为什么要用高压
电来传输电力?

P.22-23

三孔插座和双
孔插座有什么
不同?

P.23

为什么一般电线都
采用铜?

P.10

太好了！
你是不是觉得：
Open a Book！
Open the World！

传统空调和变频
空调使用的电动
机有何不同?

P.25

什么是超导体?

P.10

为什么我们在潮湿
的地方要小心不要
触电?

P.11

大洋
牌。

哪些生物会
发电?

P.26

磁悬浮列车最高
时速是多少?

P.25

世界第一个电池是
谁发明的?

P.11

方止电
火?

P.13

为什么电器能
利用电来发热
或运作?

P.13

获得欧洲金
牌一枚，请
继续加油！

高压电是指多少电
压以上?

P.11

图书在版编目（CIP）数据

电与磁：大字版 / 陈诗喻撰文．—北京：中国盲文
出版社，2014.9
（新视野学习百科；49）
ISBN 978-7-5002-5386-0

Ⅰ．①电… Ⅱ．①陈… Ⅲ．①电磁学—青少年读物
Ⅳ．① O441-49

中国版本图书馆 CIP 数据核字 (2014) 第 205952 号

原出版者：暢談國際文化事業股份有限公司
著作权合同登记号 图字：01-2014-2078 号

电 与 磁

撰　　文：陈诗喻
审　　订：郑士康
责任编辑：丁　然
出版发行：中国盲文出版社
社　　址：北京市西城区太平街甲 6 号
邮政编码：100050
印　　刷：北京盛通印刷股份有限公司
经　　销：新华书店
开　　本：889×1194　1/16
字　　数：33 千字
印　　张：2.5
版　　次：2014 年 12 月第 1 版　2014 年 12 月第 1 次印刷
书　　号：ISBN 978-7-5002-5386-0/O·22
定　　价：16.00 元

销售热线：　(010) 83190288 83190292

绿色印刷　保护环境　爱护健康

亲爱的读者朋友：

　　本书已入选"北京市绿色印刷工程—优秀出版物绿色印刷示范项目"。它采用绿色印刷标准印制，在封底印有"绿色印刷产品"标志。

　　按照国家环境标准 (HJ2503-2011) 《环境标志产品技术要求 印刷 第一部分：平版印刷》，本书选用环保型纸张、油墨、胶水等原辅材料，生产过程注重节能减排，印刷产品符合人体健康要求。

　　选择绿色印刷图书，畅享环保健康阅读！

北京市绿色印刷工程